버리기 힘들어 고민하고
정리가 어려운 당신을 위한 **우리 집**

수납 정리의 기술

[일러두기]

[다이소] 제품은 제품명이 아닌 꼭!! 품번으로 검색 및 구입할 것.
온·오프라인 매장의 보유 물건이 다를 수 있음.
[다이소]의 모든 제품명은 [다이소몰]의 제품명 기준으로 작성됨.
[이케아]의 제품은 세일 시 가격 변동 있음.
옷 접기 방법 등 본 책의 내용은 https://www.youtube.com/c/공간정리인공식유투브에서 확인가능

버리기 힘들어 고민하고
정리가 어려운 당신을 위한

우리 집

수납 정리의 기술

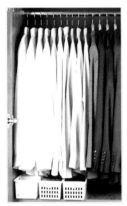

김희연 지음

도서출판 **더 로드**
The Road Books

들어가며

요즘같이 자고 일어나면 좋은 물건이 쏟아져 나오는 세상을 살면서 물욕을 내려놓기란 여간 어려운 게 아닙니다. 근래 몇 해 동안 '미니멀리즘'이 유행하면서, 물건을 많이 갖고 있는 것이 마치 큰 잘못이라도 되는 양 죄책감마저 들게 하는 분위기로 번지고, '정리'는 하기 싫지만 해야만 하는 숙제가 되어 버렸습니다.

내 물건을 내가 모두 알고 활용하고 있고, 찾기 쉽고 꺼내기 쉽게, 그리고 쓰고 난 후 제자리에 놓기 쉽게 수납해서 컨트롤할 수만 있다면, 그래서 물건에 치이는 것이 아니라 내 물건의 확실한 주인이 된다면 우리의 죄책감을 덜어낼 수 있지 않을까요?

수많은 현장, 곧 수많은 짐이 가득한 현장에서 만난 고객들은 한결같이 이렇게 말합니다.

"짐이 이렇게 많을 줄 몰랐어요."
"제가 미쳤나 봐요."
"정리를 잘할 줄 몰라 창피해요."
"있는지 모르고 또 샀어요."
"멀쩡해서 못 버리겠어요. 어떡하죠?"

우리는 수도 없이 정리정돈하라는 말을 듣고 자랐고, 생활하고 있지만 한 번도 제대로 배워본 적이 없습니다. 몇 번이나 책이나 방송을 보고 따라 하려 했지만 잘 안 되어서 결국 마음의 짐만 더하고 포기한 경험이 있지 않나요?

"정리는
버리는 것이 아니라 내게 꼭 필요한 물건을 남기는 것이고,
정돈은
쉽게 꺼내고, 쉽게 제자리에 갖다 놓을 수 있도록 잘 수납하는 것입니다.
그래서
정리와 정돈은 같이 이루어져야 합니다."

그 동안 우리는 둘 중 한 가지만을 하면서 해봐야 금방 되돌아 올 거고, 그래서 나는 하지 않는 거라고 위안하고 있었는지도 모르겠습니다.

정리를 왜 해야 하는지에 대한 책들은 많이 나왔으니 저는 정돈을 쉽게 할 수 있는 비법을 알려드리려고 합니다.

물건은 줄이는 것도 중요하지만 쓰기 쉽고 찾기 쉽도록, 편리하게 수납하는 것이 더 중요합니다. 무엇보다 수납 도구의 유용함을 알고 적재적소에 활용한다면 훨씬 더 편리한 생활을 누리고 삶의 질을 높일 수 있습니다.

수납 도구 고르는 법이 있다는 것을 모르기에 일단 SNS나 홈쇼핑에서 유행하는 수납 도구들을 구매하게 되고, 결국 그 수납 도구들이 우리 집엔 맞지 않아 예쁜 쓰레기가 되어 버렸다며 속상해하는 수많은 고객을 보며 이제는 지침서가 필요한 시점이라는 생각이 들어 이 책을 쓰게 되었습니다.

『우리 집 수납정리의 기술』에서 소개하는 수납 도구들은 ㈜공간정리인의 수많은 컨설팅 현장에서 이 시간에도 실제 사용하고 있는 제품들입니다.

무조건 특정 브랜드, 가격, 디자인만을 우선순위로 소개하는 것이 아니라 제가 현장에서 직접 검증한 가성비 좋고 유지율이 높은 제품들로, 많은 가정에서 쉽게 구입하여 활용해 볼 수 있는 수납 도구들입니다.

살림을 오래 해온 우리 엄마들에게도, 이제 신혼살림을 막 시작하는 부부에게도, 아름다운 나만의 독립 공간을 꿈꾸는 청춘들에게도 살림의 기준이 되는 지침서가 되기를 바라봅니다.

2020년, 정리하기 딱 좋은 날에

추천의 글

이제 시대가 달라졌습니다. 집안일은 이제 단순한 가사노동이 아닙니다.
집안일의 핵심! 바로 공간을 활용하고 효율적으로 정리하는 공간정리기법입니다.
주부뿐만이 아니라 가족 모두가 함께 해야 하는 시대입니다.
교육이 이루어지고 나아가 문화로 자리 잡을 때,
집안일의 효율화로 인해 절약되는 시간만큼 함께 하는 가족의 시간이 늘어날 겁니다.
집안 정리 책이 아닌 [가정을 화목하게 하는 비결]이 담뿍 담긴 이 책으로 좀 더
여유 있고 웃음꽃이 많이 피는 가정이 되시길 기원합니다.

2020년 10월 한중경제문화교육협회 이사장/박사 신경숙

오랜 시간 인테리어를 해 오면서 인테리어의 시작은 비움이라는 말을 자주 실감합니
다. 비움이 있어야 내가 정말 원하는 채움도 가능 하니까요.
기술서라는 말이 처음에는 딱딱하게 느껴질 수 있지만 그 옛날 수학의 정석처럼
이 책 한 권이면 정리의 정석을 알게 될 것 입니다.
망설이고 고민하는 순간 한 걸음 늦어질 뿐 입니다.
최고의 인테리어는 정리라는 것을 실현할 수 있는 그 답이 이 안에 있습니다.

2020.10월 인테리어 디자이너 노진선

결혼 10년차지만 집안 정리 방법은 새댁 수준인 저에게.
친정 엄마도 알려 주지 못한 정리 방법과 노하우를 배울 수 있는 책.
수납 툴, 세워서 수납하기 등 김희연 대표님의 간단하고 쉬운 방식은
우리가 머무는 공간을 빛나게 해 줄 거예요

2020년 10월 인플루언서 김정은 @jungeu_julia_kim

같은 일을 하고 있는 대표로서 모든 노하우를 공개하는 김희연 대표의 결정에 놀랍고
존경스럽습니다.
이 책은 실패 없는 수납 도구 구입 및 활용 방법을 자세히 알려 주고 있어
끊임 없이 반복되는 정리에 지친 분들에게 큰 도움이 될 것 입니다.
대한 민국의 모든 집들이 한 평 더 넓어지는 정리의 마법을 경험 할 수 있기를 바라며,
항상 응원합니다.

2020년 10월 퀸즈정리수납 대표 유소연

나의 정리
테러 지수는?

☐ 나는 사 온 물건을 어디에 두었는지 모를 때가 많다.

☐ 나는 집에 여분의 물건(치약, 칫솔, 휴지 등)이 있는지 기억나지 않는다.

☐ 나는 선물 받은 물건들을 미안해서 갖고 있다.

☐ 나는 식탁, 주방 상판, 책상 위 등 모든 물건이 나와 있어야 편하다고 생각한다.

☐ 나는 물건을 버리면 마음이 불편하다.

☐ 나는 언젠가 쓸 것 같아 물건을 버리지 못한다.

☐ 나는 베란다(팬트리)에 모르는 물건이 있다.

☐ 나는 홈쇼핑에서 유행하는 물건들은 꼭 사고 본다.

☐ 나는 취미가 다양해서 관련 용품이 많다.

☐ 나는 식재료를 많이 사 두어야 든든하다.

☐ 나는 지인들에게 음식을 받아온 통을 가지고 있다.

☐ 나는 추억에 관련된 물건을 버릴 수가 없다.

☐ 나는 짐이 늘어나면 이사를 해야 한다고 생각한다.

☐ 나는 짐이 늘어나면 수납 가구를 먼저 고른다.

☐ 나는 옷장에 옷은 항상 넘쳐나지만 매일 같은 옷을 입는 느낌이다.

☐ 나는 마트에서 1+1 물건을 무조건 사는 내가 알뜰하다고 생각한다.

☐ 나는 물건을 나누어 주는 데 인색하다(쑥스럽다).

☐ 나는 짐이 정리되지 않아 지인들이 집으로 오는 것이 불편하다.

☐ 나는 사는 데 정리가 필요하다고 생각하지 않는다.

☐ 나는 일회용품(베스킨*숟가락, 배달 젓가락)을 못 버린다.

▶ 5개 미만 ~

정리는 잘하시는군요!!

이제 정돈 팁을 배워 볼까요^^

▶ 5개 이상 ~

우리는 배우지 못했을 뿐^^ 실망하지 마세요.

한 평 더 넓어지는 정리의 마법 세계로 고고~~

수납의 중요성

당신은 진정 미니멀 라이프를 원하시나요?

우리 집이 지금보다는 정리정돈이 잘되어서 깔끔했으면 좋겠다 정도이신가요?

내 물건이 어디 있는지 어떤 물건이 있는지 알고만 살아도 좋겠다 싶으신가요?

더 이상 물건이 안 늘어 났으면 좋겠다 하시나요?

"어디로 갔지? 있었는데 못 찾겠네."

"어, 여기 있었네."

"다 쓴 거 같은데, 또 사놔야지."

"어, 나 이거 없는데 사야겠다."

이랬는데 여분이 있거나, 비슷한 물건이 있거나 했던 경험 있으실 겁니다.

몰라서 또 사고 못 찾아서 또 사고, 이렇게 되는 가장 큰 이유는 수납이 잘못 되어서입니다.

잘못된 수납은 물건을 늘리는 주범입니다.

요즘 새집 홍보를 보면 수납공간이 아주 많아요라는 이야기가 참 솔깃합니다.

제대로 된 수납을 하지 않으면 오히려 수납공간이 많을수록 물건만 늘어납니다.

그냥 집어넣는 건 제대로 된 수납이 아닙니다.

물건의 종류와 양이 파악되고, 꺼내기 쉽고, 제자리 놓기 쉽게 물건을 넣는 제대로 된 수납법을 익힌다면 자연스럽게 물건은 줄어들 것이고, 그토록 원하는

미니멀 라이프도 해 볼 수 있지 않을까요^^

수납 도구의 중요성

수납 도구를 사용한다고 물건을 항상 더 많이 넣을 수 있는 것은 물론 아닙니다. SNS에서 한 번쯤 눈이 가는 집처럼 예쁘게 꾸미기 위해서만 사용되어서도 안 됩니다. 수납 도구란 내 물건을 꺼내기 쉽고, 내 물건의 양을 한눈에 파악하는 데 도움을 줘야 가치가 있다는 것을 먼저 기억하세요.

이때, 물건을 '꺼내기 쉽다.'라는 것은 '제자리에 가져다 놓기도 쉽다.'라는 뜻입니다. 이것은 한 번 정리된 물건을 유지하기 위해서 가장 필요한 일이고, 이를 위해서는 무엇보다 공간과 물건에 딱! 맞는 수납 도구를 선택해야 합니다.

간혹 버리는 박스나 플라스틱 제품을 재활용해서 수납 도구를 직접 만드는 쪽을 선택하는 분들도 있습니다. 하지만 재활용 제품으로 수납 도구를 제작하는 건 한 번쯤 재미 삼아 하는 것에 만족하시라고 권하고 싶습니다.

재활용 제품을 활용해 제작한 수납 도구는 장기적으로 사용이 어려워 잦은 정리를 유도하고, 유지를 어렵게 합니다.

또 정리정돈에 있어 가장 중요한 규칙인 통일성을 해치게 돼 완벽한 정리 효과를 얻기도 어렵습니다. 따라서 수납 도구는 자체 제작보다는 이제부터 알려드리는 가성비 좋으면서 효율적인 제품을 구입하길 추천드립니다.

시중의 수납 도구는 평형별, 아파트 브랜드별, 공간별로 판매되는 것이 아니므로
고를 때 여러 가지 주의하지 않으면 오히려 공간 손실을 만들 수 있습니다.
아래의 법칙을 꼭 기억하세요!

하나, 어떤 물건을 담을 것인지 정한다.

☞종류가 많고 양이 적다면 작은 수납 도구 여러 개로 분류하여 수납하고,
종류가 적고 양이 많다면 큰 수납도구를 사용한다.

둘, 어느 공간에 사용할 것인지 정한다.

☞서랍, 팬트리, 주방, 드레스 룸 등 공간에 따라 선택한다.

셋, 넣고자 하는 공간의 선반이나 서랍의 가로세로 너비를 정확히 잰다.

☞공간에 맞춰 수납 도구를 딱 맞게 골라야 공간 손실을 줄이고 효과 극대화 가능.
☞손잡이가 있는 수납 도구를 선택했다면 손잡이 부분까지 길이를 계산한다.

넷, 수납 도구는 같은 모양, 같은 크기, 같은 색깔로 통일해서 사용해야 효과가 크다.

☞공간정리에는 통일성이 가장 중요하다.
☞정리도 도구빨!! 한 끗 차이가 큰 효과와 만족감을 준다.
☞경험상 손잡이, 무늬, 색깔 등이 없는 수납 도구가 정리 후 깔끔하다.

잘 고른 수납 도구 200배 활용 포인트

세로 수납!!

세로 수납하는 이유.

바구니로 집을 만들었어도 그 안에서 뒤섞여 버린다면 물건 찾기는

또다시 어려워진다.

그것을 해결하기 위한 법칙이 세로 수납!

물건을 세워서 보관하면 꺼내기 쉽고, 내 물건의 양이 한눈에 파악되며,

이는 물건을 순환해서 사용할 수 있게 해 준다.

우리 물건 중 가장 큰 비중을 차지하는 옷도 접는 방법만 바꾼다면 충분히

세로 수납이 가능하다!

(옷접는 방법은 https://www.youtube.com/c/공간정리인공식유튜브)

차 례

5   들어가며

8   추천의 글

10   ※나의 정리 테러 지수는?

12   ※수납의 중요성

13   ※수납 도구의 중요성

14   ※수납 도구 잘 고르기 법칙

15   ※잘 고른 수납 도구 200배 활용 포인트

Part 1   드레스 룸

24   1편   넌 2벌 거니? 난 10벌 걸어!!

24   ☞ 정리정돈 꿀팁! 옷걸이를 통일하면 좋은 점!

26   2편   내 옷은 소중하니까!! 목제 옷걸이 3종

29   3편   바지도 접지 말고 걸어서 수납하기!

31   4편   속옷 잘 접으면 뭐 해?

34   5편   드레스 룸에 속옷 서랍장이 없다면?

36   6편   넥타이 수납법

38   7편   다이소 라탄 바구니 2종 수납법

40   8편   드레스 룸 소품 정리법

42   9편   그래도 보관용 옷이 생긴다면?

42   ☞ 정리정돈 꿀팁! 라벨링은 최대한 쉽게! 구체적으로!

45   10편   이불 정리 팁

46   11편   드레스 룸 기본 레이아웃

47   11-1   우리 집 드레스 룸 레이아웃 그려 보기

Part 2　　주방

52　　1편　　넌 1칸 쓰니? 난 2칸 써!

54　　2편　　넌 두 손 쓰니? 난 한 손 쓰는데~

56　　3편　　접시도 세로 수납의 시대

58　　4편　　아끼는 내 접시, 깔끔한 정리법

59　　☞ **정리정돈 꿀팁! 식탁용 매트 활용**

60　　5편　　주방의 가성비 찐 아이템

62　　6편　　눕지 마! 프라이팬

64　　7편　　주방의 감초

66　　8편　　잡동사니 컬렉터

68　　9편　　양념 정리법

69　　10편　　손님용 수저 보관법

70　　11편　　수저, 조리도구 서랍 정리법

73　　12편　　그동안 고생 많았다, 집게야! (면 종류 보관법)

74　　☞ **정리정돈 꿀팁! 주방에 꼭 필요한 접이식 의자**

75　　13편　　주방 레이아웃

76　　13-1　　우리 집 레이아웃 그려 보기

Part 3　　　냉장고

81　　☞ 정리정돈 꿀팁! 세상 간단한 냉장고 청소 방법
82　　1편　같은 종류끼리 집 만들어 주기
82　　2편　냉장고 정리 시 추천 수납 도구
92　　3편　달걀 보관법
93　　4편　꺼내기 편하고 휴대도 가능한 치즈 수납 도구 추천
94　　☞ 정리정돈 꿀팁! 똑똑한 김치냉장고 활용법

Part 4　　　화장대

99　　1편　매일 쓰는 화장품만 화장대 위에 올려놓기
100　　2편　새 제품은 따로 보관하기
101　　3편　샘플은 바로바로 사용할 수 있도록 꺼내 놓기
102　　4편　화장솜, 면봉도 담아 놓기
103　　5편　서랍 속에 화장품 넣기
104　　6편　드라이기도 집 만들어 주기
105　　7편　액세서리/헤어핀/헤어 끈도 서랍 속으로 정리하기

Part 5　　　욕실

110　　1편　여분의 욕실용품은 이렇게 보관!
112　　2편　위생용품은 이렇게 보관!
113　　3편　샤워 타월 정리법
114　　4편　욕실 청소용 세제 보관법
115　　☞ 정리정돈 꿀팁! 휴지 제대로 걸기
115　　☞ 정리정돈 꿀팁! 떨어뜨려도 풀리지 않는 수건 접기

Part 6   신발장

119   1편   아이들 신발, 여성용 플랫슈즈, 여름 쪼리 정리법
121   2편   어른 신발 정리법
122   3편   보관용 신발 정리법

Part 7   문구 정리   124

Part 8   서류 정리   128

Part 9   핸드폰 용품 정리   132

Part 10   팬트리 정리   136

Part 11   반려견, 반려묘 용품 정리   142

146   마치며
147   Thanks to.

The
Dress Room

런닝 · 팬티 · 양말

Part 1

드레스 룸

드레스 룸 이것만 바꾸면 2평 더 넓어진다!!

바로바로 옷걸이

생활 곳곳의 고정관념이 옷장 정리에도 있습니다.

어떤 생각일까요? 바로 이겁니다.

옷은 접어야 한다!

옷은 계절이 바뀌면 정리를 해야 한다라는 겁니다.

예전과는 주거 환경이 많이 달라졌습니다.

장롱 하나로 온 가족의 옷을 해결하던 시절에서 이제는 방마다 붙박이장이 있고 드레스 룸이라는 옷만의 공간이 있기도 합니다.

또한 계절이 다른 나라로 출장이나 여행이 자연스러운 일이 되기도 했으며 난방이 잘 되어 집에서 겨울에도 반소매를 입기도 합니다.

패션 코디 상 사계절 옷이 모두 필요한 분들도 있습니다.

현실이 바뀌었다면 이제 옷 정리 방법도 바뀔 때입니다.

뒤죽박죽인 옷장에서 제대로 찾을 수가 없어 앞에 보이는 옷만 입고 있나요?

항상 옷이 없고 매일 같은 옷을 입는 느낌인가요?

계절이 바뀔 때 마다 따로 시간과 힘을 들여 정리를 하고 있나요?

선반에서 꺼낸 구겨진 옷을 손질해야 하는 번거로움이 이제 힘드신가요?

이 많은 문제를 해결하는 방법은 옷을 걸어서 사용하는 겁니다.

옷을 걸라는 이야기를 들었을 때 대부분 고객들의 반응은 이렇습니다.

"내 옷장엔 공간이 없어요."

"옷이 망가지지 않을까요?"

"꺼내기 불편하지 않을까요?"

"전혀 생각 안 해 봤어요." "옷은 개는 거 아니었나요?"

사실 가장 기억에 남는 답변은 이겁니다.

"왜요?" "저는 옷 접을 때 희열을 느껴요." ^^

그랬던 분들도 정리 후 반응은 똑같습니다.

"우아, 신세계네요." "왜 진작 몰랐을까요?"

"제가 이런 옷이 있었네요."

"제 옷이 다 보여요."

"어머 똑같은 옷이 왜 이렇게 많죠?"

"이제 안 사도 되겠어요."

이런 신세계를 경험하실 수 있는 옷 걸기의 비법은 바로 "옷걸이"에 있습니다.

그동안 세탁소에서 온 철사 옷걸이나 옷 살 때 가져온 옷걸이들과 쿨하게 안녕하시면 됩니다.

의외로 우리는 옷걸이 구매 비용을 아까워합니다. 아주 많이요^^

옷걸이는 공짜라는 생각 또한 고정관념 아닐까요?

하지만 400원짜리 옷걸이가 바꿔주는 삶의 질은 놀라울 정도입니다.

잘 고른 옷걸이는 10년 이상 너끈히 사용 가능합니다.

뒤죽박죽 크기도 모양도 두께도 다른 옷걸이들만 바꾼다면, 충분히 공간을 만들어 낼 수 있고 편리한 옷장이 가능합니다.

옷을 걸어서 사용하되 각 옷에 맞는 적절한 옷걸이를 선택했을 때 다른 문제점은 발생하지 않습니다.

넌 2벌 거니?
난 10벌 걸어!!

가장 고르기 어렵고 실패율이 많은 도구가 옷걸이다.

가격이 너무 저렴하거나, 너무 비싸거나, 잘 부러지고 어깨가 좁아 여성 옷만

가능하거나, 옷 고리가 작아 옷 봉에 걸고 뺄 때 불편하거나, 옷이 잘 벗겨지지 않아

사용이 불편하거나, 너무 두꺼워 몇 벌 걸리지 않거나 하는 많은 아쉬운 점들이 있다.

아래 알려드리는 옷걸이들은 수년째 현장에서 사용하고 있는 옷걸이이므로 비슷한

사양에서 고르면 실패하지 않을 것이다.

[정리정돈 꿀팁!] 옷걸이를 통일하면 좋은 점!

정리 후 최상의 성취감을 경험할 수 있다!

미관상 200% 이상 정리된 느낌을 얻을 수 있다!

통일되지 않은 옷걸이를 사용 하였을 때에 비해 공간 활용을 50% 이상 더 할 수 있다!

옷의 길이를 일정하게 맞출 수 있어서 옷장 아랫부분의 공간 활용이 가능하다!

제품명 [올맘] 논슬립 옷걸이 (남녀 모두 사용 가능/사이트마다 가격 상이)

사용 방법 니트, 양복, 외투(점퍼, 코트)류를 제외한 모든 상의

주의 사항 너무 무거운 옷이나 양복처럼 어깨모양이 유지되어야 하는 옷은 목제 옷걸이 사용할 것.

내 옷은 소중하니까!
목제 옷걸이 3종

제품명

1 [다이소] KT단풍나무내추럴옷걸이(1p) (품번1004952/가격1,000원)

사용 방법 양복, 정장류를 한 벌씩 걸어서 사용한다.

주의 사항 바지가 흘러내리지 않도록 바지 걸이에 코팅 처리가 되어 있는 목제 옷걸이를 고른다.(간혹 바지 걸이는 있지만 코팅이 없는 경우 있음)

2 [다이소] 상의용 목제옷걸이(3p) (품번1026169/가격2,000원)

사용 방법 점퍼, 코트 등 무겁거나 어깨모양이 유지되어야 하는 재킷류에 사용된다.

3 [다이소] 목제옷걸이(3p) (품번63166/가격3,000원)

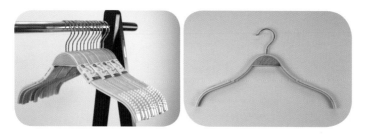

사용 방법 어깨가 좁은 여성 재킷, 니트류, 카디건류, 겨울 원피스, 니트 코트류에 사용된다.

주의 사항 니트류는 개인의 취향이나 소재, 두께에 따라 접기와 걸기 중 선택한다. 걸기를 선택했다면 사용 가능한 옷걸이다.

바지도 접지 말고
걸어서 수납하기!

제품명

1   L자 바지 걸이 (☞추천-[네이처리빙] 논슬립 코팅 1단 바지 걸이)
(사이트마다 가격 상이)

사용 방법   청바지, 면바지, 정장 바지 등 반바지를 제외한 모든 바지류에 사용된다.

2 바지 집게 (☛추천-[홈 앤 하우스] 멀티코팅 집게 바지 걸이)
(사이트마다 가격 상이)

사용 방법 접기 어려운 반바지나 치마류에 주로 사용된다.
긴 바지도 집게로 길게 거는 방법도 있으므로
L자 바지 걸이와 바지집게 중 취향대로 선택 한다.

주의 사항 구입 시 꼭 집게 부분이
얇고 코팅되어 있는 것으로 고른다.

속옷 잘 접으면 뭐 해?

속옷 바구니는 5종류이다.

서랍의 크기, 속옷의 사이즈, 바구니 취향에 따라 4/5편의 5가지 중 선택하면 된다.

제품명

1 [다이소] 리빙직사각바구니바스켓2호

(품번56043/가격1,000원/길이34.4cm)

2 [다이소] 리빙메쉬바구니바스켓3호
(품번36067/가격1,000원/길이30cm)

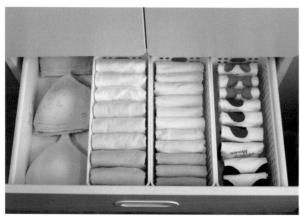 

사용 방법 잘 접은 속옷도 넓은 서랍 속에 그냥 넣는다면 금방 헝클어져 유지가 어려움.
이럴 때 수납 도구를 사용한다면 유지, 꺼내기가 쉬워짐.

주의 사항 서랍의 크기에 따라 위 두 가지 바구니 중 선택 가능
보통 어린이들이나 여성 속옷에 적합하다.

[여기서 잠깐! 하나 더]

여성 심리스, 햄팬티는 얇아서 더 작게 개어야 세로 수납이 가능하다.

그때 사용할 수 있는 바구니는

3 [다이소] 리빙직사각바구니바스켓1호
(품번56042/가격1,000원/길이34.2cm)

(접는 방법은
https://www.youtube.com/c/
공간정리인공식유투브)

드레스 룸에
속옷 서랍장이 없다면?

제품명

1 [다이소] 다용도칸막이정리함(대) (품번66312/가격3,000원/길이40cm)

2 [다이소] 다용도칸막이정리함 (품번51704/가격2,000원/길이40cm)

사용 방법 드레스 룸이나 붙박이장에 속옷 넣을 서랍이 없을 경우
길이를 맞춘 옷 아래 공간에서 서랍처럼 활용한다.
남자 속옷 100사이즈 이상인 경우!
4편 바구니들보다 예쁘게 정리하고 싶은 경우!
서랍 크기가 클 경우에 사용된다.
양이 적다면 칸막이로 구분하여 한 바구니에 두 종류의 물건도 수납 가능.

넥타이 수납법

드레스 룸 액세서리 장에도 넥타이는 항상 말아서 보관하게끔 칸이 짜여 있지만 변형이 우려된다면 걸어서 사용하는 것이 좋다.

제품명

1 [다이소] 속옷정리함8칸 (품번1001899/가격1,000원/길이34cm)

2 [다이소] 다용도정리수납 (품번913115983/가격2,000원/길이26.3cm)

3 [네이처리빙] 논슬립 넥타이걸이(2p) (사이트마다 가격 상이)

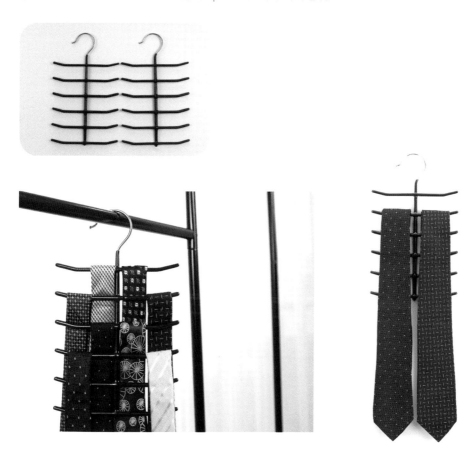

사용 방법 매일 쓰는 넥타이라면 다이소 속옷 정리함 8칸이나

네이처리빙 논슬립 넥타이걸이에 수납하여 사용한다.

사용하진 않지만 보관하고 싶거나, 일 년에 한두 번 사용하는 넥타이라면

[다이소] 다용도정리수납 (품번913115983/가격2,000원)에 담아 보관한다.

다이소 라탄 바구니 2종
수납법

드레스 룸에서 소품뿐만이 아니라 어떤 물건이든 수납하기에 좋아서 이 편은
물건이 아닌 라탄 바구니를 주인공으로 소개한다.

색상이 여러 가지이므로 취향대로 선택하되, 꼭 같은 색상으로 통일할 것!

위 아래 같은 선반에 사용하는 경우라면 크기도 통일하는 것이 좋다.

제품명

1 [다이소] 라탄무늬바구니 (41*35*24cm) (품번98223/가격5,000원)

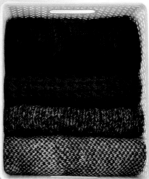

2 [다이소] 라탄다용도정리함(대) (품번1003701/가격5,000원)

☞뚜껑포함임.

사용 방법 서랍이 부족할 때 겨울 스카프, 목도리, 겨울 니트류, 파우치나 작은 가방, 모자 등을 수납 후 선반에 올려 서랍처럼 활용할 것.

공간이 협소하다면 뚜껑이 있는 [다이소] 라탄다용도정리함(대)으로 적재하여 사용 가능.

(p46 드레스룸 기본 레이아웃 참고)

8편

드레스 룸
소품 정리법

요즘 드레스 룸과 붙박이장에는 서랍이 없는 경우가 있으므로 서랍이 없을 경우
사용하면 좋다.

제품명

1 [다이소] 다용도칸막이정리함1호

(품번1005219/가격3,000원/길이46cm)

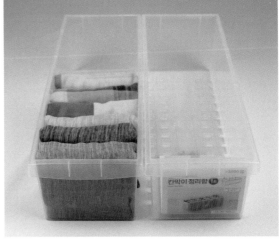

2 [다이소] 다용도칸막이정리함2호
　(품번1005220/가격3,000원/길이46cm)

3 [다이소] 다용도칸막이정리함(대)
　(품번:66312/가격3,000원/길이40cm)

☞선반이나 서랍 길이가 짧을 경우

사용 방법 서랍이 부족할 때 얇은 스카프 류, 장갑, 모자, 기모 레깅스 등을 수납하여
선반에 올려 서랍처럼 활용할 것.
7편 라탄바구니의 품목과 겹치나 양이 적을 경우에 활용한다.
칸막이로 구분하여 한 바구니에 여러 종류 수납 가능함.

그래도 보관용 옷이
생긴다면?

수납 도구를 사용해서 공간을 최대한 활용하고도 내 옷에 비해 공간이 부족하거나,
작은아이에게 물려줄 옷이거나, 일 년에 한두 번 사용하는 옷들은 보관하게 된다.
그럴 때에도 그냥 마구 담는 게 아니라 가족별, 계절별, 용도별로 구분해서 담아 놓아
야 다음 사용을 위해 꺼낼 때 편리해진다.
한 상자에 이것저것 담기보다 같은 종류끼리만 보관해 놓는 것이 사용에 편리하다.
보관용 상자에는 항상 라벨링이 필수이다.

[정리정돈 꿀팁!] 라벨링은 최대한 쉽게! 구체적으로 적는다

예) 아빠 여름 반소매 티셔츠, 아빠 여름 카라 티셔츠, 엄마 겨울 점퍼 및 코트,
큰딸 원피스, 작은아이 물려줄 여름 신발, 작은아이 물려줄 4세 여름 옷 등

▶라벨기 이용!
메모지나 네임 스티커보다 라벨기를 사용해 글씨를 통일할 때 훨씬 깔끔하고 쉽게 정리할 수
있다. 또 드레스 룸뿐만 아니라 주방을 비롯해 집안 곳곳의 수납장, 냉장고의 음식 보관함이
나 각종 양념 병 등 활용 범위가 넓기 때문에 구입을 추천한다.

☞ 추천 제품: 앱손 라벨프린터기 LW-K200BL
(현재모델명, 사진제품과 디자인만 상이)

제품명

1 [이케아] 스쿠브(44x55x19cm)
　　(품번502.903.61/가격7,900원) (검정/흰색)

2 [이케아] 페르클라(55x49x19cm) (품번103.953.84/가격3,000원)

사용 방법 부피가 큰 점퍼류 등 계절 옷을 보관할 때,
스키복이나 수영 용품 같은 계절 용품을 보관할 때,
추억 용품(배냇저고리, 사진, 탯줄 등)을 보관할 때,
드레스 룸 상단 선반이나, 팬트리에서 활용도 좋음.
(리빙박스는 높이가 맞지 않음)
[이케아] 페르클라는 위 물건도 가능하지만 이불 보관에 강추!!
압축 팩 사용 시 옷이나 이불의 복원에 문제가 생기거나 특유의 불편한
냄새가 생길 수 있음. 압축 팩보다 [이케아] 페르클라를 추천함.

주의 사항 스쿠브와 페르클라는 들어가는 내용물은 비슷하나, 가격(스쿠브가 더 비쌈),
수납되는 양(페르클라가 좀 더 늘어남), 비침 유무(페르클라가 비침),
정리 후 미관상의 차이가 있으므로 개인의 취향 따라 선택할 것.
(제 픽은 스쿠브입니다만^^) (p45 이불장 레이아웃 참고)

10편
이불 정리 팁

난방 시설이 잘 갖춰지고 이불의 소재와 기능도 예전에 비할 수 없을 만큼 많이 좋아져서 두꺼운 이불이 사라진 요즘이다. 따라서 이불 칸의 수납 방식도 변화가 필요하다.
더 이상 붙박이장의 가장 넓고 좋은 자리를 이불이 차지하지 않아도 된다.
붙박이장, 드레스룸의 선반이 이불을 넣고 꺼내기엔 오히려 최상의 자리이다.
이불 접는 방법을 바꾼다면 충분히 가능하다.

[이불장 레이아웃/
[이케아]
스쿠브 및 페르클라 사용 예]

(접는 방법은 https://www.youtube.com/c/공간정리인공식유투브)

11편

드레스 룸
기본 레이아웃

Image labels:

- 보관용 옷 이케아 / 스쿠브
- 보관용 옷 이케아 / 스쿠브
- 가방
- 속옷 다이소 / 다용도 정리함
- 여자 상의
- 남자 상의
- 원피스
- 소품 다이소 / 라탄무늬 바구니
- 보관소품 다이소 / 라탄 다용도 정리함(대)
- 여자 하의
- 남자 하의
- 여자 속옷
- 여자칸
- 남자칸

11-1
우리 집
드레스 룸 레이아웃
그려 보기

The
Kitchen

Part 2

주방

공사 없이 놀랄 만큼 넓어지는 주방 인테리어!!

수납 도구가 비밀병기입니다!!

공간정리 컨설팅은 내 물건이 우리 집의 어디에 자리했을 때 가장 편리하게 사용할 수

있는지를 최우선으로 생각합니다.

라이프스타일을 최대한 반영한 동선을 고려했을 때 최상의 자리가 결정됩니다.

우리 집의 모든 공간이 그러하지만, 특히 주방은 동선이 굉장히 중요합니다.

일하는 현장에서 업무의 효율성을 높이기 위해 중요한 동선!!

주방에서도 필요합니다.

라면 하나를 끓여 먹기 위해 주방을 여러 번 가로질러야 한다면 큰 낭비 아닐까요?

여기에 플러스!!

나물을 무치다 접시를 꺼내기 위해 일회용 장갑을 벗지 않아도 되도록!

그릇들을 한 손으로 꺼낼 수 있도록!!

청소가 쉬워 청결한 주방이 유지될 수 있도록!

살림이 편한 주방 만들기는 주방용 수납 도구가 합니다.

상판 위에 아무것도 없는 주방의 모습은 이제 모델하우스에서만 가능한 것이

아닙니다.

상판 위에 아무것도 없는 모습을 본 사람들은 이렇게 말합니다.

"수납공간이 넓은 거 아니에요?"

"물건이 없는 거 아니에요?"

"에이, 어떻게 이렇게 살아요."

"또 사용할 건데 넣어야 하나요?"

청소가 쉬운 청결한 주방!

요리가 쉬워지는 효율적인 주방!

물건을 꺼내기 쉬운 주방은 인테리어보다 수납의 기술이 먼저입니다.

외식이 많아지고 배달 서비스가 발달하면서 집에서 요리하지 않는다는 라이프스타일을 고려해서인지 새로 짓는 아파트일수록 주방의 비중이 작아지고 있습니다.

주방이 커져도 싱크대의 크기가 작아지고 수납공간이 작아집니다.

또 식기세척기, 음식물처리기, 오븐, 어떤 경우엔 건조기까지 주방에 빌트인 가전들이 점점 많아지다 보니 정작 그릇과 주방 도구의 자리는 부족합니다.

하지만 우리나라 음식은 반찬의 개수가 많은 식단이고 접시 하나에 모든 음식을 담아 먹는 문화가 아니기 때문에 식사 횟수와 상관없이 일정한 양의 그릇이 필요합니다.

또한, 식단의 조리 과정상 도구들이 많이 필요합니다.

그래서 우리 집에서 가장 수납이 잘 이루어져야 하는 곳이라고 해도 과언이 아닙니다.

수납 도구가 어떻게 비밀병기로 활약하는지 확인하고 실제 적용해 보시기 바랍니다.

넌 1칸 쓰니?
난 2칸 써!

이런 사양의 주방 렉은 정말 많지만, 어떤 부분보다도 그릇의 수납 양과 공간 활용면에
서 추천한다.

제품명 [한샘] 확장형선반렉_s (사이트마다 가격 상이, 브라운/아이보리색상)

사용 방법 상부 장에서 주로 사용하는 가족 수의 밥공기 국 공기, 찬기를 수납할 때
사용함.

주의 사항 가로폭이 좁은 곳은 확장 사용이 안 되므로, 이런 경우에는
확장 선반은 보관하고, 선반 하나만 활용하기도 함.
(최소 420mm에서 최고 720mm까지 확장됨)

선반 높이 조절이 안 되는 곳은 2단 효과 없음.
굽이 좁은 그릇은(일본 그릇 스타일) 2단에 수납 시 안정감이 떨어짐.

넌 두 손 쓰니?
난 한 손 쓰는데~

같은 사양의 일본 제품을 인터넷 쇼핑 사이트나 마트에서 판매(3,000원)하기도 하는데, 이 제품만은 꼭 다이소에서 구입하길 추천한다.

제품명 [다이소] 주방식기접시선반 (품번32328/가격1,000원)

사용 방법 상부 장에서 [한샘] 확장형선반렉_s를 사용할 수 없는 가로폭이 좁은 곳이나 그릇 양이 적은 경우, 밥·국공기 보다 접시류가 많은 경우 사용하기 좋음.

주의 사항 주로 접시류에 사용되고, 아래쪽이 위쪽보다 작은 접시가 들어감.
플라스틱 재질이므로 위쪽에 너무 무거운 접시는 피할 것.

접시도 세로 수납의 시대

같은 사양이면서 좀 더 투명한 재질의 일본 제품을 인터넷 사이트나 마트에서 판매 (3,000원)하고 있지만, 다이소 제품을 추천한다.

제품명   [다이소] 주방접시스텐드선반 (품번32322/가격1,000원)

사용 방법   상부 장에서 접시를 세울 때

하부 장 또는 서랍에서 냄비 받침을 세울 때

주의 사항 안전을 위해 꼭 벽에 기대어 사용할 것.
오목한 찬기보다 접시류에 사용할 것.
접시 스텐드보다 큰 접시는 안정감이 떨어짐.

아끼는 내 접시,
깔끔한 정리법

그릇에 스크래치가 나는 것을 최소화하고 무엇보다 예쁘게 수납하는 것이 1순위라면 추천한다.

제품명 [다이소] 고무나무접시스텐드(6단) (품번61419/가격2,000원)

사용 방법 상부 장에서 사용한다.

한 칸에 접시 한 개 또는
두 개까지 꽂을 수 있음.
다양한 디자인의 접시를
스크래치 없이 보관 가능함.
상판 위에서 사용하는 경우
인테리어 효과 있음.
접시를 꺼내기 쉬우나,
다른 수납 도구에 비해
수납 양이 적음.

[정리정돈 꿀팁!] 식탁용 매트 활용

위 제품을 식탁용 매트를 수납할 때 활용해 보자. 식탁 위 한편에 수납해 놓으면
사용하기 편리하고, 인테리어 효과까지 덤으로 얻을 수 있다.

주방의 가성비 찐 아이템

공간을 확장하거나 디자인이 돋보이지는 않지만 가격 대비 활용도가 높은, 그야말로 가성비가 좋은 찐 아이템이다. 무엇보다 적재가 가능하다는 점도 장점이다.

제품명 [다이소] 적재형 스틸 선반 (품번52965/가격3,000원)

사용 방법 하부 장에서 주로 사용.
양면 팬(해피콜)과 웍 등 두께가 있는 팬을 수납하기 편리함.

프라이팬이 2개 정도이면
[한샘]확장형 프라이팬
정리 렉보다 가성비 좋음.
위쪽 선반에 작은(라면 하나)
냄비는 2개 정도 수납 가능.
물건이 적다면 위아래
냄비와 프라이팬 모두 수납
가능.(1인가구 강추)

 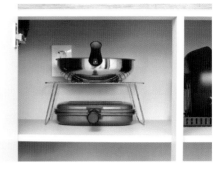

주의 사항 적재는 일반 하부 장보다는 위아래 공간이 여유로운 개수대 아래쪽 하부 장에 활용한다. 프라이팬이나 냄비가 많지 않은 1인 가구나 싱크대가 작은 경우 유용하다.

눕지 마! 프라이팬

프라이팬을 세로 수납하면 겹쳐 놓고 사용할 때 발생하는 스크래치를 막을 수 있다. 또 겹쳐 보관할 때는 보통 두 손을 사용해 꺼내야 하는데, 세로 수납을 하면 한 손으로도 꺼낼 수 있어 작업의 효율성이 높아진다.

제품명 [한샘] 확장형 프라이팬 정리렉 (사이트마다 가격 상이)

사용 방법 하부 장에서 프라이팬과 웍, 뚜껑을 세워서 수납하기 편리함.

칸 조절이 가능하여 다양한 크기의 프라이팬 수납 가능.
6개까지 가능하므로 프라이팬이 많을 때 좋음.
정리 렉이 2개로도 분리 가능하여 두 공간에서
활용할 수 있음.

주의 사항 프라이팬 지름이 28cm 이상인 경우에는, 세로로 수납할 때
하부 장 선반 높이를 먼저 확인한다.
(가장 많이 사용하는 26cm프라이팬까지는 충분히 가능함)
탑처럼 쌓아 세우는 형태의 프라이팬 렉 제품도 있는데, 균형을 맞추기 위해
크기별로 꽂아야 하거나 한 손으로 렉을 붙잡고 프라이팬을 꺼내야 해서 불편하다.

주방의 감초

'감초'라는 별칭이 딱 들어맞을 정도로 주방의 물건을 수납할 때 가장 많이 사용되는 수납 아이템들이다. 투명한 재질이라서 별도의 라벨을 붙이지 않아도 내용물 확인이 쉽고 같은 사양의 제품들에 비해 가격도 저렴한 꿀 아이템이라 할 수 있다.

제품명

1 [다이소] 다용도칸막이정리함1호
(품번1005219/가격3,000원/길이46cm)

2 [다이소] 다용도칸막이정리함2호
(품번1005220/가격3,000원/길이46cm)

사용 방법 하부 장 또는 팬트리에서 소형 가전을 수납할 때,

키가 큰 장, 팬트리, 하부 장 서랍, 선반에서 라면, 통조림류 등의 재료를 수납할 때,

☞라면용 냄비를 같이 수납해
동선을 줄여주는 것도 꿀팁!

하부 장 서랍이나 선반 or 냉장고장 위 높은 수납장에서
수세미, 행주, 고무장갑, 일회용품 등 주방용품 및 여분을 보관할 때

주의 사항 서랍과 선반의 깊이가 짧으면

[다이소] 다용도칸막이정리함(대) (품번66312/가격3,000원/길이40cm)
[다이소] 다용도칸막이정리함 (품번51704/가격2,000원/길이40cm)

잡동사니 컬렉터

영양제나 커피가 상판이나 식탁 위에 있어야 한다는 생각도 NO NO.
서랍 속이나 주방 선반으로 자리를 잡아 주면 깔끔하게 정리 정돈 가능.

제품명

1 [다이소] 크리스탈뷰티정리용품2호
(품번1001891/가격1,000원/8.2*8.2*10.7cm)

같은 사양의 제품들이 참 많지만, 가격 면에서도 정리 후 모습에서도 추천 아이템이다.

2 [이노마타] 키친트레이 슬림/와이드(사이트마다 가격 상이/화이트/투명)
(슬림/34.8*8*5cm, 와이드/34.8*12*5cm)

사용 방법 서랍 속이나 주방 선반에 커피, 차, 영양제 등을 정리할 때 사용함.
제품 상자 대신 사용하면 더 많은 양이 수납되고 깔끔함.
정리함 하나에 제품 하나씩 담아서 정리하면 한눈에 보임.
[이노마타] 키친트레이는 칸막이가 있어 여러 종류 정리에 좋음.

양념 정리법

양념 병은 주방에서 인테리어 효과를 낼 수 있는 아이템 중 하나라 개인의 취향이 많이 반영되므로 개인의 개성대로 구입해도 좋으나 꼭 밀폐가 잘되는 제품으로 구입 할 것! 특히 대용량이나 봉지 포장 양념을 구입했다면 양념 보관 통이 필요하다.

재질 또한 플라스틱으로 할지, 유리병으로 할지, 어느 정도의 크기로 할지는 개인 취향에 따르되, 가능한 한 적은 양씩 소분해 바로바로 사용한다.

주의 사항 보관용 양념을 담아 놓은 용기나 소분한 양념통에 꼭 양념 이름, 소분한 날짜, 사용기한 라벨링 할 것.
사용 중인 양념과 보관용 양념 칸을 따로 둘 것.

추천 제품
[삼광] 블랙허브사각러그(유리병)
[실리쿡] 냉동실문수납용기 사각 (꼭 사각추천/사이트마다 가격 상이)

손님용 수저 보관법

상판 위 숟가락 통에 수저와 조리도구가 뒤섞여 꽂혀 있는 것이 일반적이다.
이제 수저도 우리 가족 것만, 꺼내기 쉬운 곳에, 꺼내기 쉽게 보관하고
손님용 수저나 여분의 수저는 따로 정리해서 보관해 보자.

제품명

1 **[다이소] 다용도정리수납**(품번913115983/가격2,000원/26.3*10.5*8.7cm)

2 **[이노마타] 내츄럴팩1100**(사이트마다 가격 상이/1,100ml/29*9.2*6cm)

사용 방법 가족 수만큼의 수저만 수납하는 것이 서랍 정리의 포인트!
손님용 수저는 비닐 대신 뚜껑 있는 수납함에 따로 담아 보관한다.

수저, 조리도구 서랍 정리법

서랍이라는 수납공간은 비단 주방뿐만 아니라, 모든 공간을 통틀어서 가장 어질러지기 쉽고, 정돈 상태를 유지하기 어려운 곳이다. 그러므로 서랍만큼은 반드시 알맞은 수납 도구를 활용하여 집을 지어 주어야 한다.

수저

상판 위에 수저를 보관하는 것은 미관상 좋지 않을 뿐만 아니라 위생상으로도 좋지 않다. 이제 손님용 수저를 분리했다면 우리 가족의 수저를 보기 좋고 사용하기 편하게
정리해 줄 아이템을 추천한다.
컨설팅 현장에서는 100% [이노마타] 키친트레이가 사용되고 있다.
이유는 와이드/슬림 두 가지 사이즈라 서랍에 꼭 맞아 공간 손실이 적고 칸막이가 있어 종류별 구분이 가능하기 때문!

제품명

1 [다이소] 슬림트레이2호 (품번63976/가격1,000원/26*9*4.5cm)

2 [이노마타] 키친트레이 슬림/와이드 (사이트마다 가격 상이/화이트/투명)
(슬림/34.8*8*5cm, 와이드/34.8*12*5cm)

사용 방법 위 두 가지의 수납 도구만 잘 활용해도 서랍 속에 수저를 충분히 수납할 수 있다. 트레이로 칸을 나누어 숟가락, 젓가락, 포크, 나이프 등을 종류별로 담는다.
이때 서랍을 여닫을 때 내용물이 움직이지 않도록 서랍 크기에 딱 맞게 트레이를 채운다.

주의 사항 [다이소] 슬림트레이2호는 가격이 저렴하나 서랍보다 길이가 짧고 칸막이가 없음.
[이노마타] 키친트레이는 크기가 2가지라 서랍 속 조합이 쉽고 칸막이가 있어서 종류별 수납의 장점이 있으나 가격대가 있음.

조리도구

조리도구는 같은 종류를 여러 개씩 갖고 있기보다는 종류를 다양하게 가지고 있는 것이 일반적이기 때문에 종류별로 일일이 구분해 담기는 어렵다. 따라서 비슷한 종류끼리 분류해서 수납해도 무방하다.

제품명

1 [이노마타] 키친트레이 슬림/와이드 (사이트마다 가격 상이/화이트/투명)
   (슬림/34.8*8*5cm, 와이드/34.8*12*5cm)

2 [다이소] 클리어소품정리함(3p/set) (품번1001593/가격2,000원)

3 [실리쿡] 하프트레이 대 (사이트마다 가격 상이/길이29.5*16.6*15cm)
4 [실리쿡] 하프트레이 소 (사이트마다 가격 상이/길이29.5*12.3*15cm)

☞서랍의 깊이가 깊을 때 사용할 것.

<u>12편</u>

그동안 고생 많았다, 집게야!

(면 종류 보관법)

당면, 국수, 스파게티 면 등은 보통 개봉 후에 봉지 집게로 집어 놓거나 지퍼백에 담아 보관하는 것이 일반적이다. 간혹 봉투가 찢어진 채로 그대로 보관되는 것을 목격하기도 한다. 하지만 이러한 보관법은 식재료의 위생 상태를 불량하게 만든다.

맞춤형 보관 방법을 따라 해 보자.

제품명

1 [다이소] 스파게티병 지퍼백(3p) (품번1015159/가격1,000원)
김발 보관에도 획기적임.

2 [이노마타] 내츄럴팩1100(사이트마다 가격 상이/1,100ml/29*9.2*6cm)

사용 방법 남은 스파게티 면이나, 소면, 당면 등을 담아서 사용한다.
포장 용지를 개봉한 후 봉투째 그냥 두거나 집게로 집어 두었을 경우
완벽한 밀폐가 되지 않기 때문에 반드시 용기 보관이 필수.
[이노마타] 내츄럴팩 같은 경우 선반에 수납, 적재가 가능해서
기존 원형이나 사각 세우는 스파게티 통보다 공간 활용이 좋음.

[정리정돈 꿀팁!] 주방에 꼭 필요한 접이식 의자

높은 상부 장의 그릇을 꺼낼 때 무거운 식탁 의자는 이제 그만!! 접이식 의자를 활용해 보자.
높이별로 다양한 제품이 판매되고 있으니 상황에 맞게 선택한다. 아래 사진은 한샘 제품이
지만, 다이소에서 구입하거나 인터넷 사이트에서 접이식 의자 또는 폴딩 의자로 검색하면 관
련 제품을 구입할 수 있다.

☛높이별로 있음.

주방 기본
레이아웃

상부장

├─ 이벤트 그릇 ─┤├─ 아이들 그릇 ─┤├─ 밀폐 용기 ─┤├─ 후드 ─┤

├────── 주 그릇장(매일 쓰는 식기) ──────┤├─ 컵 ─┤

하부장

전기렌지

오븐	사용중인 양념류	수저
식재료(서랍)	보관용 양념류	조리 도구
		일회용품

├─ 냄비 / 후라이팬 ─┤├─ 오븐 / 서랍 ─┤├─ 양념류 ─┤├─ 서랍 ─┤

개수대 · 정수기

음식물 처리기 · 차 / 건강 보조 식품

도마 / 칼 · 소형 가전

├─ 식기세척기 ─┤├─ 개수대 ─┤├─ 서랍 ─┤

우리 집
주방 레이아웃
그려 보기

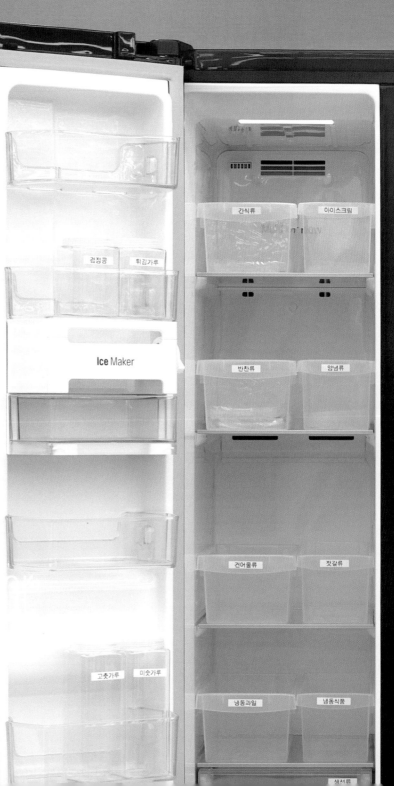

검정콩　튀김가루

Ice Maker

고춧가루　미숫가루

간식류　아이스크림

반찬류　양념류

건어물류　젓갈류

냉동과일　냉동식품

생서류

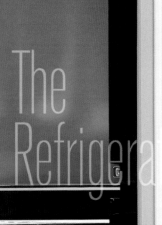

The
Refrigera

Part 3

냉장고

1년 365일 냉장고가 한가한 날이 있을까요?

날씨가 더워지면 음식이 상하진 않을까, 명절 이후에는 남은 음식 때문에, 장을 1주일에 한 번 보기 때문에, 가족이 많아서 등등 이유야 참 많습니다.

어렸을 적 냉장고 문 빨리 닫으라는 소리 한 번쯤 안 들어 본 사람이 있을까요?

대를 물려 듣는 이 잔소리는 왜 그럴까요^^

엄마들의 알뜰함 때문일 겁니다. 바로 전기세가 많이 나온다는 생각 때문이겠지요.

냉장고를 6초 열었을 때 손실된 냉기를 만회하려면 30분의 시간이 걸린다고 하니 틀린 말은 아닙니다.

그런데 우리가 냉장고 문을 열고 오래 있을 수밖에 없는 이유가 있습니다.

바로 찾는 물건이 바로 안 보이기 때문이죠.

그래서 냉장고에서 빨리 음식을 꺼내고 닫을 수 있도록 정리 정돈을 해야 전기세도 줄이고 음식들도 더 신선하게 보관할 수가 있답니다.

냉장고에 넣는다고 식재료가 상하지 않을 거라는 착각은 이제 그만!

오래된 음식이 없게 순환이 잘되도록!

내가 찾는 음식을 빨리 꺼낼 수 있도록!

냉장고도 수납 도구를 이용하여 찾기 쉽고, 꺼내기 쉽게 만들어 봅시다.

[정리정돈 꿀팁!] 세상 간단한 냉장고 청소 방법

깨끗하게 청소된 냉장고는 기본!!

식초와 따뜻한 물을 1:1로 섞어서 행주를 이용해 구석구석 닦아 줍니다.

특히 냉장고 청소 시 빠뜨리는 곳이 냉장고 문짝의 고무 패킹입니다.

면봉에 알코올을 묻혀 고무 패킹을 닦아 보면, 시커먼 먼지에 깜짝 놀랄 겁니다.

냉장고 문을 여닫을 때마다 위쪽에 쌓여 있는 먼지가 냉장고 안으로 들어 올 수 있으니

냉장고 위에는 물건을 쌓지 말고 가끔 닦아 주면 좋습니다.

그리고 평소에도 꼭 닦아주어야 하는 곳은 바로 손잡이.

손만 잘 닦으면 질병의 80%가 예방된다는 말이 있듯이, 여름철 식중독의 80%도

냉장고 손잡이를 통해 전염됩니다.

냉장고 손잡이는 눈에 띌 때마다 닦아 주기!!

이제 깨끗해진 냉장고를 정리해 볼까요?

식초와 따뜻한 물만으로도
이렇게 뽀드득 청소 가능^^

같은 종류끼리
집 만들어 주기!

냉장실과 냉동실 모두 간식 칸, 반찬 칸, 식재료 칸, 냉동식품 칸 등 우리 집의
식성대로 구분하여 수납 도구로 집을 만들어 준다.
수납 도구가 서랍처럼 활용되어 과일청처럼 무거운 식재료를 꺼낼 때도 수월하다.
과일상자도 들어갈 정도로 넓은 냉장고 선반은 구획을 나누어 주지 않으면 음식 및
식재료들이 뒤섞여 찾기가 힘들기 때문에 꼭 같은 품목끼리 수납 도구로 구분해 준다.
같은 종류끼리 모아 두는 것!
냉장고뿐만이 아니라 우리 집 모든 곳의 최고의 정리 규칙이다.

냉장고 정리 시
추천 수납 도구
(수납 도구 배치하기)

냉장실은 무조건 두 개씩 세트보다는 넣는 물건 크기에 따라 선택하면 되고,
냉동실은 선반에 두 개씩 맞춰 놓아야 정리가 훨씬 쉽다.

[빌트인 냉장고 수납 도구
사용 예/냉장실]

[빌트인 냉장고 수납 도구
사용 예/냉동실]

[빌트인 냉장고 추천 제품]

냉장실용
[실리쿡] 하프 트레이 대/소 (사이트마다 가격 상이/길이29.5cm)

[다이소] 수납의달인 바스켓 (품번435507881/가격2,000원/길이32cm)

냉동실용
[실리쿡] 하프 트레이 대/소 (사이트마다 가격 상이/길이29.5cm)

※냉동실 선반에 [실리쿡] 하프 트레이 대, 소 1개씩 2개가 딱 맞음!!

2번

[양문형 냉장고 수납 도구 사용 예/전체]

[양문형 냉장고 수납 도구 사용 예/냉장실]

[양문형 냉장고 수납 도구
사용 예/냉장실 상세]

[양문형 냉장고 수납 도구 사용 예/냉동실]

[양문형 냉장고 수납 도구
사용 예/냉동실 상세]

[양문형 냉장고 추천 제품]

냉장실용

[다이소] 수납의달인 바스켓 (품번435507881/가격2,000원/길이32cm)

[다이소] 다용도칸막이정리함1호 (품번1005219/가격3,000원/길이46cm)

냉동실용

[다이소] 다용도칸막이정리함(대) (품번66312/가격3,000원/길이40cm)

[다이소] 다용도칸막이정리함 (품번51704/가격2,000원/길이40cm)

※냉동실 선반에 [다이소] 다용도칸막이정리함(대)
[다이소] 다용도칸막이정리함 2개가 딱 맞음!

3번

[4도어 냉장고 수납 도구 사용 예/전체]

[4도어 냉장고 수납 도구
사용 예/냉장실]

[4도어 냉장고 수납 도구
사용 예/냉동실]

[4도어 냉장고 추천 제품]

냉장실용
[다이소] 냉장고시스템바구니1호 (품번1001121/가격2,000원/길이36cm)
[다이소] 냉장고시스템바구니2호 (품번1001122/가격2,000원/길이36cm)

[다이소] 다용도칸막이정리함1호 (품번1005219/가격3,000원/길이46cm)

냉동실용
[다이소] 다용도칸막이정리함(대) (품번66312/가격3,000원/길이40cm)
[다이소] 다용도칸막이정리함 (품번51704/가격2,000원/길이40cm)

※냉동실 선반에 [다이소] 다용도칸막이정리함(대)
[다이소] 다용도칸막이정리함 2개가 딱 맞음!

도어 수납

추천 제품은 [실리쿡] 냉장고문 수납용기 사각 (사이트마다 가격 상이)
꼭 사각으로 추천함. 원형보다 공간 활용 및 정리 후 모습도 더 깔끔함.

4도어   양문형

얼음 통

냉장고에 비치되어 있는 얼음 통은 뚜껑이 없어 비위생적이므로
뚜껑이 있는 얼음 트레이 추천.

제품명 [창신리빙] 쏙쏙이 아이스트레이 12구
       (사이트 마다 가격 상이)

냉동실 식재료 소분 시

지퍼백이나 소분 용기 중 개인 취향에 따라 선택할 것!
지퍼백 수납이 수납되는 양은 더 많다.
단, 지퍼백은 냉동실용 또는 겸용으로 사용해야 찢어지지 않는다.

제품명 소분 용기는 [창신리빙] 센스 시스템 소분용기 1L 추천!
   (사이트 마다 가격 상이)

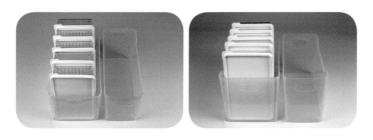

리터별로 있으나 1L가 소분용으로 가장 적당하며 냉동실 수납 도구인
[다이소] 다용도칸막이정리함(대) (품번66312/가격3,000원/길이40cm)
[실리쿡] 하프트레이 대 (사이트마다 가격 상이/길이29.5cm)에 세로 수납 가능

3편

달걀 보관법

달걀은 냉장고 냄새를 흡수하기도 하고 살모넬라균의 전이 위험이 있어
꼭 뚜껑이 있는 보관함에 수납한다.
서랍형이 아닌 뚜껑으로 여닫는 보관 용기는 손이 한 번 더 가서 사용 시 불편함.
달걀은 서랍형 달걀 트레이가 오래 사용하기 편리하다.

제품명

1 양문형, 4도어 냉장고
센스 냉장고 서랍 에그 트레이 B형 (사이트마다 가격 상이)

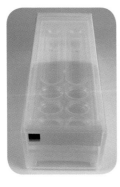  ☞길이 비교

2 빌트인 냉장고
Brill. 24구 2단 서랍형 계란 보관함 (사이트마다 가격 상이)

시중의 달걀 트레이 길이는 거의 양문형이나
4도어 냉장고에 맞으므로,
빌트인 냉장고라면 33cm 이내인
위 달걀 트레이를 추천한다.

꺼내기 편하고
휴대도 가능한
치즈 수납 도구 추천!

치즈 포장 봉투를 뜯은 채 넣어 두면 가장자리가 마르거나,

벨큐브 같은 작은 정사각형의 치즈들은 어느새 낱개로 굴러다니기도 한다.

아이가 어리다면 간식 통으로 휴대도 가능하다.

치즈도 수납 도구에 보관하면 끝까지 맛있게 먹을 수 있다.

개별 포장된 슬라이스 치즈는 12장까지 수납된다.

제품명 [나카야] 스탠딩 캐니스터 250ml
(사이트마다 가격 상이/10.5*10.5*4.5cm)

[정리정돈 꿀팁!] 똑똑한 김치냉장고 활용법

쌀: 포대나 생수병이 아니라 김치냉장고에!

쌀의 보관 방법은 직사광선을 피하고 수분이 없고 서늘한 곳이다.

그러므로 실온이 아니라 김치냉장고에 보관하는 것이 좋다.

요즘 김치냉장고에는 쌀 칸이 지정되어 있기도 하므로 김치통 그대로 쌀통으로 활용하면 된다.

된장과 고추장 같은 장류: 사용 빈도 적으면 김치냉장고에!

사용 빈도가 적은 장류나 장아찌류는 김치냉장고에 보관한다.

반찬: 전용칸 만들기!

반찬 전용 칸을 김치냉장고에 만들면 냉장고 냄새도 방지하고 반찬끼리 모여 있으니

굳이 바구니로 칸을 지정하지 않아도 꺼내고 넣기도 좋다.

The Dressing Table

날짜 지난 제품이 반!!

"어머, 날짜가 지났어요? 오늘 아침에도 썼는데 어떡해."

"여행 갈 때 쓰려고 모아놨어요."

"여행 자주 가시나 봐요?"

"아니요."

(정작 여행은 일 년에 한두 번이지만 왠지 여행에 써야 할 것 같은 느낌적인 느낌)

"있는 줄 모르고 또 뜯었네요."

현장에서 화장대를 정리해 드릴 때 가장 많이 듣는 소리입니다.

날짜가 지난 화장품이 생기지 않도록!

내가 가지고 있는 화장품의 여분이 바로바로 확인되도록!

최소한의 화장품만 화장대 위에 올라올 수 있도록!

정리할 수 있습니다.

이 또한 똑똑한 수납 도구를 선택하는 데에서 출발하면 됩니다.

매일 쓰는 화장품만
화장대 위에 올려놓기

제품명 [다이소] 멀티수납함(중) (품번1016374/가격2,000원/22.4*15.5*12cm)

새 제품은
따로 보관하기

화장대 아래쪽에 수납공간이 없다면 팬트리 또는 서랍에 새 화장품만 보관.

제품명

1 [실리쿡] 하프트레이 대/소 (사이트마다 가격 상이/길이29.5cm)
2 [다이소] 다용도칸막이정리함(대) (품번66312/가격3,000원/길이40cm)
3 [다이소] 다용도칸막이정리함 (품번51704/가격2,000원/길이40cm)

(넣고자 하는 선반, 서랍의 크기나 깊이에 따라 수납 도구를 결정할 것.)

같은 새 화장품이라도 기초, 메이크업, 팩 등 같은 종류끼리 구분해서 수납한다면
찾아 쓰기 편리함. 구체적인 라벨링은 필수!!

샘플은 바로바로
사용할 수 있도록 꺼내 놓기

샘플의 유통기한이 더 짧으므로 여행용으로 보관하기보다 바로 사용할 수 있도록

꺼내 놓을 것!

(2017년부터 시행된 화장품법에는 샘플에도 유통기한 표시 지정/유통기한이 적혀 있지 않다면 그

이전 샘플일 가능성 큼)

화장솜, 면봉도 담아 놓기

제품명

1 [다이소] 클리어 소품정리함(3p/set) (품번1001593/가격2,000원)

2 [나카야] 스탠딩 캐니스터 250ml (사이트마다 가격 상이)

3 [나카야] 스탠딩 캐니스터 500ml (사이트마다 가격 상이)

서랍 속에 화장품 넣기

제품명

[이노마타] 키친트레이 슬림/와이드 (사이트마다 가격 상이/화이트/투명)

(슬림/34.8*8*5cm, 와이드/34.8*12*5cm)

(칸막이가 있어 종류별 구분하기 좋음. 샘플 꺼내놓기도 좋음.)

드라이기도
집 만들어 주기

하루에 한 번 사용하는 드라이기가 의외로 화장대 위를 어지럽히는 주범일 경우가 많다. 초창기에는 드라이기를 바구니에 정리하는 방법을 따랐는데, 맘에 꼭 맞는 수납 도구를 찾을 수 없어 결국은 드라이기 파우치를 만들어 버렸다. 드라이기를 전용 파우치에 담아 화장대 한쪽에 세워 놓으면 먼지가 쌓일 걱정도 없고 화장대를 훨씬 깔끔하게 정리정돈할 수 있다. 또한 인테리어 효과까지 얻을 수 있고 여행을 갈 때 파우치 그대로 캐리어에 쏙!! 넣으면 끝!!

추천 제품 jungliin by yeon 감성파우치 (구입처:Instagram.com/jungliin)

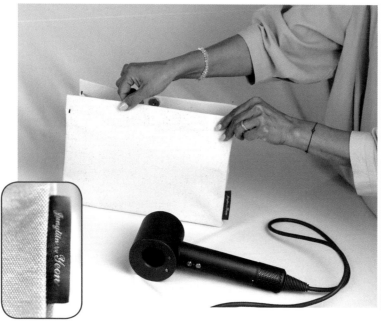

액세서리/헤어핀/헤어 끈도 서랍 속으로 정리하기

자잘해서 정리하기도 어렵고(사실, 하기 싫은^^) 여자아이들의 소품들도 딱 맞는 수납 도구로 서랍 속에 정리정돈하면 사용과 유지가 편리하다.

서랍 속 공간이 부족하다면 1번 [다이소] 클리어소품정리함은 화장대위에서 적재해서도 사용이 가능하다.

제품명 [다이소] 클리어소품정리함(3p/set) (품번1001593/가격2,000원)

[나카야] 스탠딩 캐니스터 250ml 또는 500ml (사이트마다 가격 상이)

The
Bathroom

Part 5

욕실

동선 따라 적재적소에 수납하기가 포인트!

욕실 하면 습기, 물때, 그리고 청소 걱정이 되진 않으시나요?

청결이 중요한 욕실에서 청소를 쉽게 하려면 물건이 적어야 합니다.

또한, 습기가 있을 수밖에 없으므로 최소한의 물건만 보관하는 게 좋습니다.

욕실의 문제점은 욕실용품도 개인 취향이 확실할 수밖에 없는데(피부나 두피 상태, 향기에 민감하거나) 선물인 경우 사용하지 않은 채 유통기한이 지난 제품이 많습니다.

위생용품이 포장지가 지저분하게 찢겨 넣어져 있거나 같은 제품을 여러 개 개봉해 놓은 경우도 많습니다.

요즘은 잘 사용하지 않는 비누가 특히 날짜가 오래된 경우가 많죠.

욕실의 고정관념 하나!

여러분은 수건을 어느 쪽 장에 보관하고 있나요?

양변기 위쪽 유리장? 세면대 위쪽 유리장?

현장에서 10집 중 10집 모두 양변기 위쪽 유리장이 정답입니다.

"왜 그러셨어요?"

"몰라요. 그냥, 생각 안 해 봤는데요?"

욕실에서도 공간정리에서 중요한 동선이 적용되는 순간입니다.

세수하고 바로 필요한 수건은 세면대 위 유리장 선반에!

휴지는 양변기 위 유리장 선반에!

여분의 치약과 칫솔은 상단 선반에!

당연하지만 생각해 보지도 않아 불편을 감수했던 욕실을 바꿔봅시다.

욕실 레이아웃

실리쿡
냉장고문 사각용기

실리쿡
사각
하프트레이(소)

다이소
다용도 정리수납

여분의 욕실용품은
이렇게 보관!

치약, 칫솔, 손세정제 등의 욕실용품을 보관할 때는 포장 상자를 벗기고 수납 도구에 세우면 더 많은 양을 수납할 수 있다. 특히 넓은 면적의 판에 비닐 포장해서 대량 판매하는 칫솔의 경우, 포장을 벗겨 수납 도구에 보관하면 몇 달의 사용이 편리해진다.
또, 선반에 그냥 올렸을 때처럼 쏟아지거나 떨어지지 않아 좋다.

제품명

1 [실리쿡] 하프트레이 소 (사이트마다 가격 상이/29.5cm)

2 [다이소] 리빙직사각바구니 바스켓3호 (품번56045/가격1,000원/길이34.8cm)

3 [실리쿡] 냉장고문 수납용기 사각 (사이트마다 가격 상이)

위생용품은 이렇게 보관!

욕실은 습기가 있으므로 여분의 위생용품은 조금씩만 보관하는 것이 좋다.

제품명

1 [다이소] 리빙메쉬바구니 바스켓3호 (품번36067/가격1,000/길이30cm)

 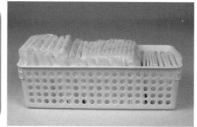

2 [다이소] 클리어소품정리함(3p/set) (품번1001593/가격2,000원)

3 [다이소] 다용도정리수납 (품번913115983/가격2,000원/길이26.3cm)

 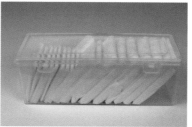

3편

샤워 타월 정리법

건조가 중요한 샤워 타월은 꼭 걸어서 사용할 것!

항상 젖을 수밖에 없는 샤워기쪽보다 집게를 활용해서 선반 이나 수건걸이에

걸어 둘 것! (그 외 클렌징 도구나 각질 제거 도구도 활용 가능)

제품명
여행용 고리 집게or여행 집게or여행 빨래집게(플라스틱)
더 리빙 다용도 후크 집게(스텐) (사이트마다 가격 상이)

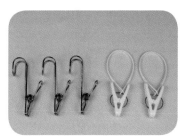

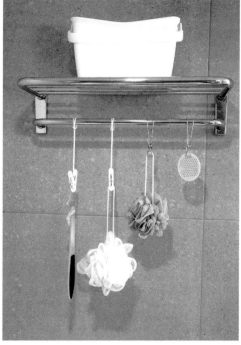

욕실 청소용 세제 보관법

욕실 청소 전용 세제들도 공간을 따로 마련해 보관하자. 욕실 청소에 자주 쓰는 락스 처럼 플라스틱 용기에 담긴 세제들은 휴지통처럼 통이 넓은 용기에 담아 욕실 한쪽에 두고 사용한다. 혹시 욕실 리모델링 계획이 있다면 아래쪽에 수납공간이 있는 세면대 를 고려해 보길 바란다.

1 휴지통 등 플라스틱 통 활용

2 세면대 아래 활용 (제품명: 평면 붙임형 세면대)

[정리 정돈 꿀팁!] 휴지 제대로 걸기

휴지를 걸 때에는 휴지가 풀리는 방향이 욕실 벽면 반대 방향을 향하게 한다. 이렇게 걸어 두어야 샤워 후 습기로 벽면이 젖더라도 휴지가 벽에 들러붙지 않고, 휴지를 풀 때 술술 잘 풀린다. 휴지를 풀다가 걸이 에서 떨어지는 일도 없다.

[정리정돈 꿀팁!] 세로수납 가능한 떨어뜨려도 풀리지 않는 수건 접기

수건 접기만 달라져도 욕실 정리가 쉬워진다.

(접는 방법은 https://www.youtube.com/c/공간정리인공식유투브)

The Shoe Closet

Part 6

신발장

버릴 신발 고르면 정리 반 해결!

정리를 어려워하는 곳 중의 하나이지만 정작 들여다보면 버리란 말을 하기도 전에 알아서 골라내는 곳 중 하나입니다.

발이 편해야 하루가 편하다는 말이 있을 정도이니 신발을 골라내는 기준은 간단합니다.

아무리 비싸게 주고 샀어도 발이 불편한 신발,

선물 받았지만 안 신게 되는 신발,

그냥 손이 안 가는 신발,

낡은 신발 등을 골라내고 나면 한결 정돈이 쉬워집니다.

신발장 또한 구역을 나눠야 합니다.

선반 또는 칸을 기준으로 엄마, 아빠, 자녀들 칸을 구분한 후 정리합니다.

운동화는 뒤축을 앞으로 넣어야 꺼낼 때 편하고, 깔끔하며

구두는 앞 코를 앞으로 넣어 굽이 보이지 않아야 안정감이 있으며 깔끔합니다.

신발 한 켤레씩 나란히 정리할 수 있다면 가장 이상적이지만 공간이 부족한 경우

아래의 수납 도구를 사용하면 공간이 2배로 활용됩니다.

아이들 신발, 여성용 플랫슈즈,
여름 쪼리 정리법

아이들 신발이나 발이 작은 여성의 샌들, 플랫슈즈는 아래 수납 도구를 활용하여 선반 높이가 높은 칸에 수납한다.

신발장이 부족해서 팬트리를 활용할 때도 유용하다.

제품명

1 [다이소] 3켤레 신발 정리대 (품번1010674/가격2,000원/29*22*10cm)

2 [다이소] 리빙메쉬바구니바스켓3호 (품번36067/가격1,000원/30*12*8cm)

선반에 신발을 나란히 놓고 한 켤레는 들어가기 좁을 때, 활용하기 좋은 수납 법이다.
(자투리 공간 활용법)
여름용 쪼리나, 잘 안 신지만 버리기 아쉬운 신발들을 이렇게 수납하여,
신발장 맨 위 칸에 올려놓는 것도 한 방법.

어른 신발 정리법

신발을 한 켤레씩 펼쳐 보관하기에는 수량이 너무 많아 공간이 부족할 때 다양한 종류의 슈즈 렉을 활용한다. 남성용과 여성용이 따로 있으니 확인 후 선택해야 하며, 신발이 230mm보다 작지 않다면 남성용과 여성용을 구분하지 않고 통일해서 사용하는 것도 좋다. 슈즈 렉 제품은 제조사별로 큰 차이가 없다.

굽이 높은 구두는 사용을 못하는 경우도 있었는데 요즘은 필요에 따라 3단으로 높이 조절이 가능한 제품이 나왔다. 편리성이 있는 대신 가격이 좀 더 있으므로 내 신발의 종류를 파악한 후 구매를 결정할 것.

제품명

1 [창신리빙] 슬림 신발 정리대 (가격1,000원대)
2 [다이소] 신발정리대(여성용) (품번57262/가격1,000원)
3 [다이소] 신발정리대(남성용) (품번57261/가격1,000원)

보관용 신발 정리법

새 신발이나, 동생에게 물려줄 신발, 또는 보관하고 싶은 어른 신발도 이 수납 도구에 넣어 놓으면 특별한 라벨링이 없어도 확인 가능해서 좋다.

팬트리에 여유 공간이 있다면 보관 신발은 이렇게 담아 적재도 가능하다.

추천 제품

[이마트] (G)투명신발보관함 3입 (가격9,900원)

[다이소]의 신발 상자와 달리 통풍구가 있는 것이 특징

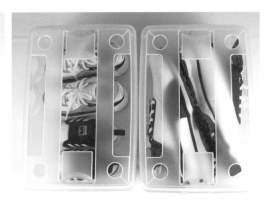

Part 7

문구 정리

문구를 책상 위에 컵이나 연필꽂이를 사용해서 꽂아 놓으면 먼지도 많이 쌓이고

지저분하므로 책상 속으로 자리를 잡아 준다.

책상 서랍 속이 흔들리지 않도록 수납 도구로 집을 만들어 종류별로 수납한다.

만약 책상서랍이 깊고 문구의 양이 많다면 속옷 편에서 알려드린

[다이소] 리빙메쉬바구니바스켓3호, [다이소] 리빙직사각바구니바스켓2호도 좋다.

제품명

1 **[이노마타] 키친트레이 슬림/와이드** (사이트마다 가격상이/화이트/투명)
 (슬림/34.8*8*5cm, 와이드/34.8*12*5cm)
 (칸막이가 있어 종류별로 구분 가능)

2 **[다이소] 슬림트레이2호** (품번63976/가격1,000원/길이26cm)

3 [이케아] 바구니인서트 (가격1,900원/안토니우스 001.776.59/37*24*7cm)
4 [이케아] 서랍인서트 (가격1,500원/빌링엔 102.704.02/33*17*높이안나옴)

Part 8

서류 정리

각종 서류, 사용설명서, 보험증권, 수료증이나 상장, 아이들 학습지 등은 종류별로 구분하고 파일 꽂이에 라벨을 붙여 보관한다. 서류가 보이지 않도록 돌려서 세워 놓는 것이 정리 꿀팁!! 훨씬 깔끔해 보인다.

제품명

[이케아] 파일꽂이2p (셰나 903.954.17/가격3,900원/검정, 흰색)

The
Cellphone

Part 9

핸드폰 용품 정리

전선, 충전기, 보조 배터리, 케이스 등 핸드폰 관련 물품은 모두 모아 거실 서랍이나 팬트리에 수납한다.

가족 모두의 것을 한곳에 두기 싫거나 특별한 개인 제품이 있다면 개인별로 수납해도 무방하다.

제품명

1 **[이케아] 바구니인서트** (가격1,900원/안토니우스 001.776.59/37*24*7cm)

2 **[이케아] 상자인서트** (가격2,500원/삼라 701.808.75/37*25*12cm)

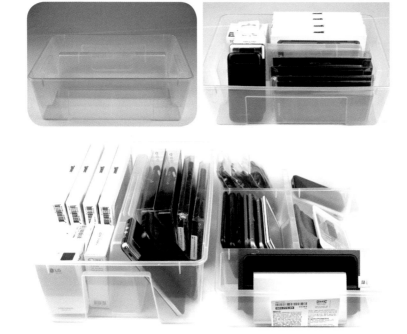

뚜껑이 있는 수납 도구가 좋다면 아래 제품 추천

뚜껑이 있어 적재가 가능하나 꺼내기 불편할 수 있으니, 자주 사용하지 않거나 보관용 위주로 사용한다. 적재가 아니라면 자주 사용하는 물품도 상관없다.

제품명

3 [다이소] 라탄다용도정리함(중)
(품번1003710/가격3,000원/41.5*28.5*14cm)

4 [다이소] 라탄다용도정리함(소) (품번1003729/가격2,000원/28.5*20*14cm)

5 [다이소] 멀티수납함(중) (품번1016374/가격2,000원/22.4*15.5*12cm)

The
Pantry

Part 10

팬트리 정리

주부들에게 요즘 새 아파트에서 가장 탐나는 공간을 꼽으라면 단연코
팬트리일겁니다.
엄청난 수납이 될 것 같은 기대감으로 마주한 팬트리의 현실은 창고처럼 쓰던 옛날 아
파트의 베란다와 다를 바가 없지요.
팬트리의 원뜻은 '식료품 저장실'입니다.
하지만 우리는 식료품 외에도 많은 물건을 수납할 수밖에 없습니다.
그렇다면 가장 중요한 것은 어떤 물건이 있는지 한눈에 파악하고
한 번에 꺼낼 수 있도록 편리한 수납을 해야 한다는 것입니다!!

팬트리가 2곳이라면 한 곳은 주방 물품으로!
한 곳은 온 집안의 여분의 물건을 보관하는 곳으로 구분하여 활용하면 좋습니다.

보통 주방에서 가까운 팬트리에는
소형 가전, 보관용 조리 가전, 그릇 새 상품, 여분의 일회용품들, 식재료 등을 수납하고
현관에서 가까운 팬트리에는
가족의 운동용품, 취미 용품이나 수영, 스키 용품 같은 계절 용품, 청소용품,
가전 빈 상자, 공구 등을 수납하시면 됩니다.

2곳 모두의 공통 원칙은
같은 종류끼리 모아서 적절한 수납 도구를 선택한 후 한눈에 보이고 꺼내기 쉽게 담아
구체적인 라벨링을 해 주시면 됩니다.

현관 팬트리

1 [다이소] 라탄무늬바구니 (품번98223/가격5,000원/41*35*24cm)

2 [다이소] 라탄다용도정리함(대) (품번1003701/가격5,000원/41.5*28.5*22cm)

3 [다이소] 라탄다용도정리함(중) (품번1003710/가격3,000원/41.5*28.5*14cm)

4 [다이소] 라탄다용도정리함(소) (품번1003729/가격2,000원/28.5*20*14cm)

5 [다이소] 리빙직사각바구니 바스켓4호 (품번56047/가격2,000원/35*25.5*14cm)

6 [다이소] 리빙직사각바구니 바스켓3호 (품번56045/가격1,000원/길이34.8cm)

☞공구를 종류별로 나눌 때 좋음

주방 팬트리

1 [다이소] 다용도 칸막이 정리함(대) (품번66312/가격3,000/길이40cm)

2 [다이소] 다용도 칸막이 정리함 (품번51704/가격2,000/길이40cm)

3 [다이소] 수납의달인 바스켓 (품번435507881/가격2,000원/길이32cm)

주의 사항 주방, 현관 팬트리 모두 넣고자 하는 물건을 결정 후 수납 도구 선택할것.
물건의 크기와 양에 따라 여러 가지 수납 도구를 섞어 사용할 수 있으나 같은 선반에서
는 같은 수납 도구로 통일할 것.

라이언 옷　　　라이언 위생용품　　　라이언 산책용품　　　라이언 약

The
Pet Supplies

Part 11

반려견, 반려묘 용품 정리

반려견, 반려묘가 있는 가정이 점점 늘고 있고

우리 아이들의 용품도 한몫하는 추세다.

반려견, 반려묘의 용품만 한 공간을 정하여 모아 두고

수납 도구를 활용하여 품목별로 구분하여 수납한다면 찾아 쓰기 쉽고

유지하기 쉬울 것이다. 이때도 라벨링은 필수!!

제품명

1 [실리쿡] 하프트레이 대/소 (가격사이트마다 상이/길이29.5cm)

2 [다이소] 리빙직사각바구니 바스켓4호 (품번56047/가격2,000원/길이35cm)
두 가지 중 선반 깊이, 물건의 양에 따라 선택하여 사용하기!

마치며

놀라운 기능의 청소 가전과 도구들로 청소는 쉬워졌지만

우리 집의 많은 물건들을 관리하고 유지해야 하는

정리정돈의 능력이 어느 때보다 중요해졌습니다.

그래서

"MBC 버리기의 기적"에도 나왔듯이 요즘 주부들의 스트레스는

청소가 아닌 정리정돈입니다.

살림이 쉬워져야 진정한 워라밸이 가능합니다.

회사 퇴근 후 집으로 출근한다는 말이 나오는 세상.

미니멀이 중요한 것이 아니라 눈앞의 살림이나 좀 쉬워졌으면 좋겠습니다.

고객님 댁으로 들어서기 전 우리는 이렇게 다짐합니다.

"오늘도 편리하고 행복한 집을 만들어 드리자!!

물건에 치여 물건에 쏟는 그 시간을 가족과 보낼 수 있는 시간으로 만들어 드리자!!"

공간과 물건에 딱! 맞는 수납 도구로 편리한 동선을 고려하여 정리 했을 때

정리의 힘은 유지됩니다.

분명 청소와 정리는 다른 겁니다.

정리의 기준이 생기면 살림 시간이 절약됩니다.

개인 시간을 더 많이 쓸 수 있도록

이 책이 여러분께 많은 도움이 되었으면 좋겠습니다.

Thanks to.

이 책의 모든 밑거름이 된 ㈜공간정리인을 같이 만들어 주고 계시는
유시연 이사님, 정성희 이사님, 이정은 팀장님, 홍은아 팀장님 감사합니다.
책을 쓸 수 있는 재능을 물려 주신 부모님 감사합니다.
정리라는 매력에 빠져 앞뒤 안 가리고 전진하는 저를 말 그대로
물심양면으로 도와주는 남편, 감사합니다.
전업주부로서 망설이고 있던 저에게 블로그도 만들어 주고
회사 이름까지 만들어 준 동생 김진희에게도 고맙습니다.
늘 멋있다며, 언니가 최고라고 포기하지 않도록 용기를 준
친동생 같은 황지현에게도 고맙습니다.
책을 쓰는 동안 요리 실력을 잃었다는 엄마를 참고 응원해 준
두 딸에게 고맙습니다.
마지막으로
즐거운 상상을 실현하게 해 주신 프로방스 조현수 대표님 감사드립니다.

우리 집 수납 정리의 기술

초판발행	2020년 11월 24일
초판 3쇄	2022년 12월 10일
지은이	김희연
발행인	조현수
펴낸곳	도서출판 더로드
기획	조용재
마케팅	최관호 백소영
편집	권 표
디자인	호기심고양이
주소	경기도 고양시 일산동구 백석2동 1301-2 넥스빌오피스텔 704호
전화	031-925-5366~7
팩스	031-925-5368
이메일	provence70@naver.com
등록번호	제2015-000135호
등록	2015년 06월 18일

정가 23,000원
ISBN 979-11-6338-114-3 13590